BAUER MACHT STAU...

Frustfibel zum Abre(a)gieren

Dernes-Klee

IMPRESSUM

HERAUSGEBER: MITTEN IM DORF, LINDENSTRAßE 38, 17248 LÄRZ

REDAKTION & GESTALTUNG: THERESA DERNES-KLEE

DRUCKEREI VIA AMAZON MEDIA EU S.À R.L., 5 RUE PLAETIS, L-2338, LUXEMBOURG

HERAUSGEGEBEN 2024

WAS STECKT DRIN IN DIESEM BUCH:

1. EINE GEBALLTE LADUNG FRUST IN **111** PROTESTSPRÜCHEN

2. DER GANZE ÄRGER MIT FORMULAREN UND PARAGRAPHEN

3. DIE HOFFNUNG, DASS ES BESSER WIRD!

4. ALLES VERPACKT MIT EINER PRISE SATIRE, WEIL'S SICH SONST NICHT ERTRÄGT.

EIN WORT VORWEG:

WENN DIESES BÜCHLEIN DIE SORGEN DER LANDWIRTE AUFGREIFT, DANN GANZ SICHER, WEIL DAS FASS VOLL IST. UND ZWAR ZUM ÜBERLAUFEN VOLL. WOBEI DAS BILD NOCH IMMER HINKT, DENN EIGENTLICH IST DAS FASS WOHL SCHON EXPLODIERT. SO SEHR HABEN DIE VERGANGENEN JAHRE, MONATE UND JETZT AUCH WOCHEN UND TAGE AN ALLEN GEZERRT. UND WENN SICH SEIT DEZEMBER 2023 TAUSENDE, ACH ZEHNTAUSENDE LANDWIRTE, HANDWERKER, GEWERBETREIBENDE, SPEDITEURE, TRUCKER, ÄRZTE, KRANKENSCHWESTERN, PFLEGEKRÄFTE, JA SOGAR BÄCKER, UND EINFACH AUCH NUR MENSCHEN, WIE DU UND ICH, GANZ UNTERSCHIEDLICHER SPARTEN UND EINSTELLUNGEN EIN VENTIL SUCHEN FÜR FRIEDLICHEN PROTEST IN DER BUNTEN MITTE, DANN ZEIGT DAS DOCH, WIE GROß DIE SORGEN SIND. DIESES BÜCHLEIN VERSUCHT AUF GANZ EINFACHE WEISE, MIT EIN BISSCHEN HUMOR UND SATIRE, DIE PROBLEMBEREICHE BUCHSTÄBLICH AUF DEN PUNKT ZU BRINGEN UND SICH IHRER AUCH GLEICH EIN STÜCK WEIT ZU ENTLEDIGEN. INDEM SIE ZUR SPRACHE

KOMMEN UND BESTENFALLS AUCH DORT ANLANDEN, WO SIE EINEN ADRESSATEN FINDEN. IN FORM MANCHEN HANDGEFERTIGTEN PROTESTSCHILDES ZUM BEISPIEL – KREATIV UND BUNT. DIESE FIBEL BESCHREIBT, WAS MOMENTAN DIE LANDWIRTE UND VIELE ANDERE MENSCHEN BEWEGT. WOFÜR WIRD EIGENTLICH PROTESTIERT? WOGEGEN SIND DIE NOCH? KAUM EINER VERMAG WIRKLICH, IN DEM WIRRWARR AUS EU-VORSCHRIFTEN, BUNDES- UND LANDES-MAßNAHMEN HINDURCHZUFINDEN. ABER GENAU DAS IST WOHL AUCH EIN TEIL DES PROBLEMS. SOMIT GEHT ES DARUM, DER ALLGEMEINHEIT MITZUTEILEN, WAS LANDWIRTSCHAFT HEUTZUTAGE SO SCHWIERIG MACHT UND WELCHEN STELLENWERT DIE BRANCHE HAT – VERPACKT ALS LEICHTE KOST, DIE DENNOCH DEN NERV DER ZEIT TRIFFT.

UND – UM ES GLEICH IM REIM ZU SAGEN – HAB EIN BISSCHEN FREUDE AN DEN SPRÜCHEN, DIE DIE SORGEN AUFGEGRIFFEN… HAB MUT UND HOFFNUNG, DASS SICH ALLES FINDET UND DIE KRISE ÜBERWINDET.

HERZLICHST THERESA DERNES-KLEE

5

Inhalt

SO, UND JETZT GEHT ES ANS EINGEMACHTE ...

Teil 1

Die „Top 111" der kreativsten Protestsprüche und -zitate:

#111. „BLEIBEN STÄLLE UND FELDER LEER, GIBT'S BALD IM SUPERMARKT NIX MEHR!"

#110. „LEUTE OHNE AHNUNG WOLLEN UNS RUINIEREN, DESHALB FAHREN WIR DEMONSTRIEREN"

#109. „WIR LIEBEN LEBENSMITTEL – DU AUCH?"

#108. „OHNE NOT MACHT IHR UNSERE EXISTENZEN TOT!"

(AM JOHN DEERE IN BERLIN)

#107. „GIBT ES KEINE BAUERN MEHR, BLEIBT

AUCH DEIN TELLER LEER"

#106. „LIEBE POLITIKER, WIR BRAUCHEN VERLÄSSLICHKEIT!" (KIEL)

#105. „IST DER BAUER RUINIERT, WIRD ESSEN IMPORTIERT!"

#104. „**STIRBT DER BAUERNSTAND, STIRBT DER MITTELSTAND, DANN STIRBT BALD DAS GANZE LAND!**"

#103. „**OHNE BAUERN IST HOPFEN & MALZ VERLOREN**"

(AM JOHN DEERE IN BERLIN)

#102. „STOPPT BÜRO-
KRATIEWAHNSINN BEI
DER DÜNGE-
VERORDNUNG"

#101. „KRIEG ZERSTÖRT
UKRAINE UND GAZA,
DIE AMPEL ZERSTÖRT
DEUTSCHLAND"

#100. „**IST DER LANDWIRT TOT, GIBT ES KEIN BROT**"

#99. „**FAIRE PRODUKTION KEINE IDEOLOGIE, WENIGER BÜROKRATIE**"

14

#98. „**OHNE LANDWIRTSCHAFT KEINE KULTURLANDSCHAFT**"

#97. „**STOPPT DAS HÖFESTERBEN, BLEIBT UNS VOM ACKER**"

#96. „**ICH WILL ZUKUNFT HABEN!**"

#95. „GEGEN DIE VERSIEGELUNG DER ACKERFLÄCHEN"

#94. „GRÜNE WELLE BRECHEN, BEVOR SIE UNS BRICHT"

#93. „DIE AMPEL MUSS WEG"

#92. „BUTTER, BROT & BIER FEHLEN BALD AUCH DIR"

(AN MASSEY FERGUSON IN BERLIN)

#91. „IDEOLOGIE MACHT NICHT SATT"

#90. „DIESE POLITIK RUINIERT UNS"

(AN JOHN DEERE IN BERLIN)

#89. „ZUVIEL IST ZUVIEL – JETZT IST SCHLUSS"

(AN JOHN DEERE IN LEIPZIG)

#88. „BILLIGIMPORT – BAUERNMORD, BILLIGIMPORT – KLIMAMORD, DENK GLOBAL, KAUF LOKAL!"

#87. „VOM REDEN WIRD KEIN TRÄUMER SATT, SEIN GLÜCK, DASS ER DEN BAUERN HAT!!!"

(AM CASE IN MARBURG)

#86. „EIN FUNKEN HOFFNUNG – OHNE BAUERN GEHT ES NICHT"

#85. „**AUFLAGENFLUT NIMMT UNS DEN MUT!**"

(AM MASSEY FERGUSON AUS NRW)

#84. „**NEIN ZUR POLITIK ÜBER UNSERE KÖPFE HINWEG**"

(AN FENDT IN BAYERN)

#83. „**#BAUERNPROTEST**"

(AN JOHN DEERE IN BERLIN)

#82. „ACHTUNG, HIER FAHREN ARBEITSPLÄTZE. NOCH."

(TRAKTOR DIREKT VOR BRANDENBURGER TOR IN BERLIN)

#81. „STOPP DEN AMPELMÜLL"

#80. „ES REICHT!"

#79. „**WAS HIER NICHT WÄCHST, MUSS IMPORTIERT WERDEN**"

#78. „**REGIONALE LEBENSMITTEL GEHEN NUR MIT UNS BAUERN**"

#77. „**IST DER HOF ERST RUINIERT, STREIKT *ES* SICH GANZ UNGENIERT**"

#76. „**FÄHRT DER BAUER NACH BERLIN, WÄHLT ER NÄCHSTENS NICHT MEHR GRÜN**"

#75. „**BAUER HAT DIE SCHNAUZE VOLL, DIESES LAND REGIERT EIN TROLL**"

#74. „**TRECKER AUF DER AUTOBAHN LEGEN GANZE LÄNDER LAHM**"

#73. „**REICHT'S DEM LANDWIRT, STEIGT ER EIN, ROLLT IN JEDE STADT HINEIN**"

#72. „**MACHT DER BAUER ERST MOBIL, STEHT DAS**

GANZE LAND BALD STILL"

#71. „AGRARDIESEL IST NUR EIN TROPFEN, DIE POLITIK IST LÄNGST ZUM KOTZEN"

#70. „LASS DEN BAUERN AUF SEINER SCHOLLE, SONST KRIEGT ER SICH MIT DIR IN DIE WOLLE"

#69. „SCHLUSS MIT KÜRZUNGEN UND BÜROKRATIE, SONST BERUHIGT SICH DIE LAGE NIE"

#68. „HÖRT, WAS DAS VOLK ZU SAGEN HAT, IHR MACHT NOCH DEN GANZEN LADEN PLATT"

#67. „**NEHMT UNS NICHT DIE EXISTENZ, UND ANDERE MACHEN SICH EINEN LENZ**"

#66. „**ICH WILL MEINE TIERE VERSORGEN, UND MIR NICHT DAS GELD FÜRS FUTTER BORGEN**"

#65. „**LANDWIRTSCHAFT DENKT HEUT' FÜR MORGEN, UND JEDEN TAG BEIM VIEH VERSORGEN RAUCHT DER KOPF UND SCHWITZT DIE BRUST, JETZT REICHT'S! WO NUR HIN MIT ALL DEM FRUST?**"

#64. „**HAT DER BAUER NICHTS ZU ESSEN, WAS SOLLEN DANN ERST DIE TIERE FRESSEN?**"

#63. „**IST DER BAUER ERST IN NOT, ERNTET KEINER UNSER BROT**"

#62. „**ABGABEN HIER, ABGABEN DORT, DROHNENFLÜGE UND KONTROLLEN, DAS IST NICHT, WAS DIE BAUERN WOLLEN. SIE WOLLEN IHRE ARBEIT TUN UND DAFÜR EINEN GERECHTEN LOHN.**"

#61. „SITZT DER BAUER NOCH LÄNGER AM PC, BRÜLLT DIE KUH, KOMM HER, LOS, GEH. ICH HABE DURST, ICH HABE HUNGER. JEDES TIER BEKOMMT DANN KUMMER."

#60. „IRGENDWANN IST AUCH GENUG, SOVIELE AUFLAGEN, DAS IST DOCH BETRUG!"

#59. „UNS BAUERN GENÜGT DAS WETTER SCHON, ES BEREITET GENÜGEND SORGEN, DIE WÜRDEN REICHEN BIS INS MORGEN."

#58. „**MIT DEN SCHWEINEN GING ES SCHON BERGAB, KAUM EINER KANN SIE NOCH HALTEN, VIEL ZU VIEL GIBT ES ZU VERWALTEN.**"

#57. „AUCH DIE MILCHBAUERN HABEN ES SCHWER, QUOTE HIN UND QUOTE HER. LETZTLICH DIKTIEREN DIE MÄRKTE DEN PREIS, OHNE ZU ACHTEN DES BAUERS SCHWEIß."

#56. „ALLES SPRICHT VON SUBVENTIONEN – WIR SAGEN: ARBEIT MUSS SICH WIEDER LOHNEN, ES IST NUR EIN AUSGLEICH UND NICHT MEHR, DAS VERSTEHT NUR NIEMAND MEHR! DER WELTMARKT GIBT DIE PREISE VOR, DAS LAND ZIEHT DIE DAUMENSCHRAUBEN

AN, SO DASS KEINER MEHR MITHALTEN KANN. ANDERE LÄNDER HABEN BESSERE KARTEN, IHRE FUNKTIONÄRE VERSTEHEN DIE SPARTEN. SIE SCHÄTZEN IHRE BAUERN, BEFREIEN SIE VON DIESELSTEUERN."

#55. „LASST DEN LANDWIRT WIEDER ACKERN, SONST BEGINNT DAS HUHN ZU GACKERN. OHNE KÖRNCHEN KEINE EIER, OHNE GERSTE KEINE FEIER."

#54. „AUCH DAS BIER VOM LANDWIRT KOMMT, HILF IHM,

SONST BLEIBST DU
DURSTIG PROMPT."

#53. „IST DER
TRECKERREIFEN PLATT,
NÜTZT KEIN JAMMERN,
NÜTZT KEIN STÖHNEN,
ÄRMEL HOCH, DARAN
MUSS MAN(N) SICH
GEWÖHNEN. UND ES
IST DES BAUERN
GRAUS, FÄLLT DIE

RECHNUNG SAFTIG AUS."

#52. „SAGT DER MOND, DIE SAAT MUSS REIN, MUSS DER BAUER SCHNELLE SEIN, DANN DARF KEINE VORSCHRIFT STÖREN, SONST KANN BODEN NUR VERDÖRREN."

#51. „E-TRECKER HAB ICH NOCH NICHT GESEHEN, SOVIEL STROM KANN'S GAR NICHT GEBEN. SOMIT MUSS DER DIESEL RAN, WEIL MAN SONST NICHT ACKERN KANN."

#50. „**BAUER SEIN IST HEUTZUTAGE SCHWER, KEINER SIEHT DIE ARBEIT MEHR. KEINER WILL SIE WIRKLICH MACHEN, NEIN, DEM BAUERN IST NICHT MEHR ZUM LACHEN.**"

#49. „KNIET DER BAUER MIT DER APP IM GRAS, HAT ER DABEI NICHT WIRKLICH SPAß. ER KNIPST DAS GRAS, ER SCHREIBT TABELLEN, VIEL LIEBER TÄTE ER SEIN FELD BESTELLEN."

#48. „SOLL DER NACHWUCHS WEITER WIRKEN, KOMMT DIESER NICHT IN DEN SCHLAF VOR LAUTER HÜRDEN. ER SIEHT DEN ALTEN, WIE DER SCHUFTET, UND BESCHLIEßT, DASS ER VERDUFTET. SOLL ES SO NICHT WEITER GEHEN,

MUSS DIE POLITIK WAS DREHEN."

#47. „LANDWIRTSCHAFT MUSS WIEDER ZUKUNFT HABEN, UND DIE LANDSCHAFT DARF NICHT VERNARBEN."

#46. „HELFT, DASS DIE NATUR ERHALTEN BLEIBT, MITNICHTEN, DIESE AUFGABE KANN

NIEMAND, AUßER UNSEREN BAUERN VERRICHTEN."

#45. „IST DIE ERNTE EINGEBRACHT, DAS BAUERNHERZEL ERSTMAL LACHT, WIRD SIE DANN ZUM MARKT GEFAHREN, SORGT DIE MAUT FÜR ROTE ZAHLEN."

#44. „GANZ OBEN SOLL DAS TIERWOHL STEHEN, UND DAS WILL AUCH DER BAUER SO SEHEN. TROTZDEM KOSTET ARBEIT GELD, WAS IST DAS NUR FÜR EINE WELT? WO MAN SICH STUNDEN AM SCHREIBTISCH MÜHT, WÄHREND DRAUßEN DAS MILCHVIEH

BRÜLLT. JEDE KUH
BRAUCHT GUTES
FRESSEN, JEDER
LANDWIRT WAS ZU
ESSEN."

#43. „SCHÜTZ DAS MOOR,
LEG STILL DIE FLÄCHE,
PFLANZ BUNTE BLÜTEN
UND SCHON DIE
BÄCHE, DER BAUER
MACHT, DER BAUER
RENNT, DAMIT ER BLOß

KEINEN TERMIN VERPENNT. DENN IST DER ANTRAG NICHT GESTELLT, BEKOMMT ER FÜR SEIN TUN KEIN GELD. DANN REICHT'S NICHT HIN, DANN REICHT'S NICHT HER – LANDWIRT WERDEN WILL DANN NIEMAND MEHR."

#42. „HEUTE HÜH UND MORGEN HOTT, WAS JETZT NOCH ZÄHLT, IST MORGEN SCHROTT. EINMAL DORTHIN INVESTIEREN, UND DANN WIEDER ALLES STORNIEREN. SO ERGEHT'S DEM BAUERN SEIT JAHR UND TAG. BÜROKRATIE, DIE KEINER MAG."

#41. „STROM UND PACHTEN – ALLES TEURER, DIESE KOSTEN SIND UNGEHEUER! DANN NOCH DER DIESEL, WELCHE SCHMACH, DER ACKER LIEGT BALD WIRKLICH BRACH."

#40. „DER BAUER LECHZT: ICH KANN NICHT MEHR. DIESE LASTEN SIND ZU SCHWER. BIS HIERHER KONNTE ER NOCH ALLES STEMMEN, DOCH VERKORKSTE POLITIK WIRFT IHN NUN AUS DEM RENNEN."

#39. „DRUM RUFT DER BAUER ZUM PROTEST. JETZT ROLLEN TRANSPORTER UND TRECKER VOM HANDWERKER BIS ZUM BÄCKER. UND AUCH DIE LASTER SIND NICHT ZU BREMSEN. DIESE WELLE IST ZUR STELLE, UM DEM TREIBEN EINHALT ZU GEBIETEN.

JEDER HAT ZU ZAHLEN SEINE MIETEN. WAS ZUVIEL IST, IST ZUVIEL. DIESER GEGENWIND KOMMT IN ZIVIL. EINFACH SO AUS UNSERER MITTE – DAMIT DIE DA OBEN, MERKEN, DASS WIR TOBEN."

#38. „**DER TRAKTOR, DER MUSS TÄGLICH LAUFEN, DA HILFT ES MEIST NICHT, GEBRAUCHT ZU KAUFEN. IST ER DEFEKT UND KEIN MONTEUR ZUR STELLE, VERREGNET DAS KORN UND VERSAUT IST DIE NORM."**

#37. „DIE ZUGMASCHINE BRAUCHT VIEL PS, ZIEHT DEN PFLUG, DEN HÄNGER, DEN MIST. WÄRE SIE KLEINER, DAS GLAUBE MIR, KÖNNTE SIE NICHT RACKERN WIE EIN STIER."

#36. „JEDE MASCHINE HAT IHREN PREIS. JEDE REPARATUR KOSTET TALER UND SCHWEISS. EIN WEITES FELD IST DES BAUERN WELT. TAG UND NACHT MUSS ER DAFÜR ACKERN, UM HEU, MAIS, RAPS ODER KORN ZU ERGATTERN. HAT ER ES SICHER UNTER DACH UND

FACH, IST ER FROH, DOCH VON VORN BEGINNT DER TAG. TIERE BRAUCHEN FUTTER, DER HANDEL MILCH UND BUTTER. DIE ARBEIT REIßT BEI IHM NIE AB. PFLÜGEN, SÄHEN, ERNTEN – ER IST IMMER IN TRAB. SO IST LANDWIRTSCHAFT KAUM ZU BEZIFFERN MIT GELD, ES IST EINE GANZ EIGENE WELT."

#35. „**URLAUB BLEIBT EINE SELTENHEIT, DOCH DER BAUER TRÄGT'S MIT GELASSENHEIT. WAS SOLL ER WOANDERS? SCHÖN IST'S ZU HAUS. HIER IST DAS GRAS GRÜN, UND DIE KATZ' FÄNGT DIE MAUS.**"

#34. „LEUTE, WACHT AUF, IHR GEHT SONST MIT DRAUF!"

#33. „ZUVIEL IST ZUVIEL"

#32. „NICHT QUERDENKER, SONDERN KLARDENKER"

#31. „AMPEL GO HOME"
(PROTESTZUG AM 8. JANUAR BADEN-WÜRTTEMBERG)

#30. „AMPEL-IRRSINN NICHT AUF DEM RÜCKEN DER BAUERN!"

#29. „MACHT IHR EUREN JOB UND LASST UNS UNSEREN JOB MACHEN, ICH WILL AUCH MORGEN NOCH ALS BAUER MEINE FAMILIE ERNÄHREN." (AN FRONTLADER BEI FENDT)

#28. „IST DER BAUER RUINIERT, WIRD DEIN ESSEN IMPORTIERT"
(VORN AM FENDT)

61

#27. „WARUM WERDEN WIR NICHT GEHÖRT?"

(AM DEUTZ MONTIERT)

#26. „SIE SÄEN NICHT, SIE PFLEGEN NICHT, SIE ERNTEN NICHT, ABER SIE WISSEN ALLES BESSER" (AN NEW HOLLAND)

#25. „ZIEHT DER AMPEL DEN STECKER"

#24. „MÜSST IHR ERST HUNGERN, BEVOR IHR ES VERSTEHT?" (AM FENDT IN BERLIN VORM BRANDENBURGER TOR)

#23. „IST DEIN TELLER LEER, GIBT'S WOHL KEINE BAUERN MEHR"

#22. „AGRARPAKET – WIR WOLLEN MITREDEN"

(AM MASSEY FERGUSON IN BONN)

#21. „REGIONALE LEBENSMITTEL BRAUCHEN REGIONALE LANDWIRTE STATT UNKONTROLLIERTEN IMPORT."

#20. „NO FARMERS, NO FOOD, NO FUTURE.“

(SCHILD AM FENDT)

#19. „LANDWIRTE ERNÄHREN UNS ALLE“

(AM JOHN DEERE VORN)

#18. „OHNE BAUERN WÄRST DU HUNGRIG, NACKT, NÜCHTERN #SCHLUSS MIT DER

VERBOTSPOLITIK"

(AM DEUTZ IN MÜNSTER)

#17. "BUTTER, BROT UND BIER MACHEN WIR, FAIR PLAY FÜR HEIMISCHE LANDWIRTSCHAFT"

#16. "NICHT VERGESSEN, WIR SORGEN FÜRS ESSEN"

(JOHN DEERE BEI DEMO IN BONN)

#15. „BAUERNTOD BRINGT MENSCHEN NOT"

#14. „STOPPT DEN FLÄCHENFRASS!"

#13. „OHNE BAUERN KEIN BIER" (DEMO IN KIEL)

#12. „EURE POLITIK IST UNSER UNTERGANG!"

(MASSEY FERGUSON IN MV)

#11. „WIR BAUERNKINDER BRAUCHEN EINE ZUKUNFT" (ROTES SCHILD AM FENDT)

#10. „DIE GELBE KARTE FÜR SCHWACHE ANTWORTEN"

(FUßGÄNGER TRAGEN GELBES SCHILD)

#9. „ARTENSCHUTZ AUCH BALD FÜR LANDWIRTE?"

#8. „SCHREDDERT EURE KÜKEN DOCH SELBER"

#7. „KAPPT DER AMPEL DEN STROM"

#6. „STIRBT DER BAUER, STIRBT DAS LAND"

(JOHN DEERE AN DER MÜRITZ)

#5. „PAPA KÄMPFT FÜR UNSEREN HOF, DENN AUCH WIR WOLLEN LANDWIRT WERDEN"

#4. „WIR KOMMEN WIEDER, KEINE FRAGE!" (AN FENDT IN BREMEN)

#3. „SORRY, ABER SONST WERDEN WIR NICHT GEHÖRT!" (FENDT IN BERLIN-MITTE)

#2. „**NICHT NUR BEIM SCHACH WIRD DER BAUER ZUERST GEOPFERT, DAMIT DIE GROßEN NOCH GRÖßERE SPRÜNGE MACHEN KÖNNEN**"

#1. „**ICH BIN SO SAUER, ICH HABE SOGAR EIN SCHILD GEBASTELT**"

DRUM MERKE:

***

Ist der Bauer aus der Welt,
regiert nur noch das Geld!
Ob es dann noch Nahrung gibt,
die gesund und nahrhaft ist?
Das bleibt fraglich, deshalb
können wir nur mahnen:
Man scherzt mit der Zukunft
der Bauern nicht! Es ist für uns
alle ein Schlag ins Gesicht. Denn
von allein produziert sich unser
Essen nicht!

***

Bildnachweis:

Titel und Cover Dernes-Klee

Textnachweis: Protestsprüche 78 – 111 Verfasser unbekannt/öffentliche Plakate bei deutschlandweiten Demonstrationen

Sprüche 35 bis 77 und Schlussspruch: Dernes-Klee

Protestsprüche 1 bis 34: Verfasser unbekannt/öffentliche Plakate bei deutschlandweiten Demonstrationen